AF224226

EAU MINÉRALE

DU

VIVARAIS

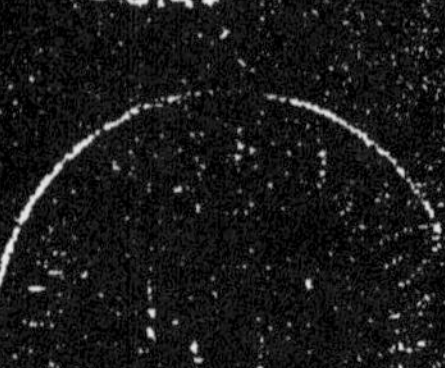

SOURCE

BOUCHARADE

NICOLAS FILS ET Cⁱᵉ

JOYEUSE (Ardèche)

EAU MINÉRALE

DU

VIVARAIS

SOURCE

BOUCHARADE

NICOLAS FILS ET Cⁱᵉ

JOYEUSE (Ardèche)

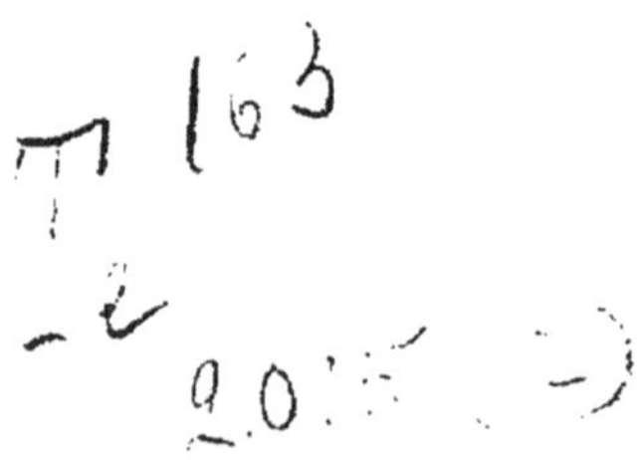

BON DE FAVEUR

EAU MINÉRALE NATURELLE DE LA BOUCHARADE-EN-VIVARAIS

Bon de faveur pour   caisses de 50 bouteilles (de 1 à 5 caisses)

A LIVRER FRANCO EN GARE DE RUOMS-VALLON (ARDÈCHE)

à adresser ________________________

à Monsieur le Docteur ________________________

à ________________________

en gare ________________________

département ________________________

Ce bon de réduction est valable pour un mois à dater de son arrivée, l'accompagner d'autant de fois dix francs que vous désirez recevoir de caisses de Boucharade (de 1 à 5), et l'adresser à MM. Nicolas fils et Cie, Joyeuse (Ardèche).

LE GUA (Vivarais)

SOURCE **BOUCHARADE**

Eau minérale naturelle gazeuse

Situation, Altitude, Température, Analyse.

Le Gua est un hameau du Vivarais, si riche en eaux minérales, dépendant de la commune de Sanilhac, canton de Largentière (Ardèche), situé sur les bords de la Beaume, à mi-chemin de la route qui met en communication les deux chefs-lieux de canton, Joyeuse et Valgorge, au point de rencontre de cette route avec celle de Montréal.

Il est à une distance de 26 kilomètres de la station de Ruoms-Vallon (ligne d'Alais au

Teil), mais il sera bientôt desservi par la future gare de Largentière située a 15 kilomètres.

Ce hameau caché dans un nid de verdure est dominé à l'est par la Tour de Brison, célèbre dans les fastes de la contrée, et à l'ouest par le village de Beaumont haut perché sur les rochers.

La végétation du pays rappelle partout le midi de la France; on y rencontre la vigne, les mûriers et les oliviers; les arbres fruitiers y sont en abondance, tandis que dans la montagne croissent les chênes-verts, les genêts, les bruyères, les arbousiers et les châtaigniers.

De tout côté des points de vue les plus pittoresques; montagnes dentelées aux couleurs miroitantes, ravins profonds et verdoyants, eaux limpides qui tombent en cascades, où la truite prend volontiers ses ébats.

Le pays est aussi des plus giboyeux, les

perdrix et les lièvres procurent aux chasseurs une chasse abondante et variée.

.Il existe au Gua plusieurs sources minérales.

La plus renommée et la plus importante est la source de la *Boucharade*.

Elle jaillit naturellement du milieu d'un rocher à quelques centaines de mètres du Gua dans un ravin au pied de la Tour de Brison à une altitude de 300 mètres. Sa température est de 16° et son débit est de 3 litres 1/3 à la minute.

L'eau de la *Boucharade* est connue depuis des siècles et elle doit son nom à une légende fort répandue dans le pays.

Elle a été citée avec éloge par le docteur FABRE dans son *traité des eaux minérales du Vivarais*, imprimé à Avignon en 1657.

L'approbation de l'Académie de médecine a été donnée le 18 novembre 1879 et elle a été suivie de l'autorisation de l'État, le 28 décembre de la même année.

Voici les résultats de l'analyse faite par M. Hardy, de l'Académie de Médecine :

Silice..	0.074
Alumine et Fer.............	0.122
Carbonate de Soude....	0.180
Sulfate de Magnésie........	0.069
Sulfate de Soude..........	0.290
Chlodure de Sodium........	0.177
Carbonate alcalin et matiéres non dosées.	0.614
Totaux.....	1.526
Acide Carbonique	0.540

Cette analyse place l'eau de la *Boucharade* dans la classe des eaux bicarbonées sodiques gazeuses, à côté des eaux de Vals et de Vichy dont la composition est analogue.

La nature du terrain primitif et transitaire presque uniquement composé de granit, de gneiss ou de micaschistes faisait pressentir les résultats de cette analyse.

Propriétés

« L'eau de la *Boucharade* est très gazeuse et très agréable à boire. C'est incontestablement la reine des eaux de table dans toute cette partie du Vivarais ». Ainsi s'exprimait le docteur Francus dans son *Voyage autour de Valgorge*, publié en 1879.

D'une limpidité parfaite, elle se conserve indéfiniment et peut supporter les plus longs parcours sans s'altérer.

On peut la mêler au lait, au vin, aux liqueurs, sirops ou infusions diverses qu'elle ravive sans jamais les troubler.

Mêlée au vin blanc elle donne l'illusion du champagne et l'eau de cette source peut être considérée comme un vrai champagne minéral.

A quelque heure qu'on la prenne elle se digère facilement et sans fatiguer l'estomac à cause de sa légère minéralisation.

Bien qu'on en fasse usage le plus communément comme eau de table, elle possède encore certaines propriétés qui la font employer avec succès, comme eau médicinale dans les affections suivantes :

Dyspepsies. — Gastralgie, gastrite, gastroentérite et autres affections de l'estomac et de l'intestin.

Chlorose. — Anémie, pâles couleurs, névrose, diabète.

Lithiases. — Urinaires ou biliaires, calculs vésicaux et affections du foie.

L'eau de la *Boucharade*, quoique connue depuis des siècles, faute de routes carrossables n'avait pu acquérir le développement qu'elle comporte. Touristes et malades ne pouvaient se rendre au Gua en voiture ; mais aujourd'hui les communications sont rendues plus faciles par la route de Joyeuse à Valgorge desservie par la ligne d'Alais au Teil, et sous peu par l'embranchement sur Largentière. Bientôt les eaux du Gua jouiront, comme les eaux de Vals, auxquelles elles se rattachent par le sol et leur propriété chimique, du grand renom qu'ont acquis, à si juste titre, dans le monde entier, les principales eaux Vivaraises, au premier rang desquelles se trouve la source *Boucharade*.

Cette région du bas Vivarais encore trop peu connue pourra, nous l'espérons, devenir bientôt, comme tant d'autres contrées, une station balnéaire des plus importantes, ainsi que le Dr Francus en formait le vœu il y a 23 ans dans son ouvrage déjà cité.

En effet, si nous n'avons dans cette notice appelée l'attention du public que sur l'eau de la *Boucharade*, il est bon et indispensable de mentionner que sur les mêmes lieux se trouvent deux autres sources connues sous le nom de *Clovis* et du *Duc de Joyeuse* et exploitées aussi par MM. Nicolas fils et Cie après analyse et approbation de l'Académie de médecine et autorisation de l'État.

La source *Clovis* est ferrugineuse, légèrement gazeuse, d'un débit de 1/2 litre à la minute, à la température de 16°. Elle est située sur les bords de la rive gauche de la Beaume et captée dans la cave de la maison d'habitation de MM. Nicolas fils et Cie.

La source *Duc de Joyeuse* est de l'autre côté de la Beaume, rive droite, dans la commune de Beaumont.

Elle est acidulée, gazeuse, débitant 7 litres à la minute et d'une température de 21°.

Enfin deux autres sources jaillissent non loin de là, mais sans être encore exploitées : on les a désignées sous le nom de *Laforêt* et *Saint-Jacques*.

Il n'est pas indifférent non plus de rappeler que dans cette région privilégiée se trouve, à quelques kilomètres du Gua, au pied du village de *Saint-Mélany*, une eau minérale sulfureuse dite *Source de l'œuf*, vrai trésor pour le pays, dont les principes minéralisateurs la placent au 1er rang des eaux similaires, et l'ont fait appeler les *Eaux Bonnes du Vivarais*.

Ce qui permettra sans doute d'attirer un jour, dans cette région, une foule de malades qui pourront choisir dans ces eaux minérales si diverses celles qui s'approprieront le mieux à leur état de santé, dans un climat des plus doux, des plus frais et des plus agréables, à une altitude que les malades les plus délicats supporteront facilement.

Ce vœu du Dr Francus a été déjà exprimé bien des fois et tout dernièrement par un Vivarois qui avait retrouvé plusieurs fois l'appétit en buvant l'eau de la *Boucharade*.

Venant faire une visite tout à la fois de curiosité et de reconnaissance sur les lieux mêmes qui ont donné naissance à ces sources vraiment merveilleuses, si rapprochées les unes des autres, il se plaisait à nous rendre compte de ses impressions.

Après avoir décrit rapidement la contrée qu'il venait de parcourir, le site pittoresque où la Drobie s'unit à la Beaume pour aller, tantôt calmes, tantôt torrentueuses, grossir de leurs eaux l'Ardèche, il ajouta : « ce *car-refour* de vallées finira bien par être une des stations balnéaires qui rendra le plus de services à l'humanité en quête de réparer les maux que cause notre excès de civilisation ».

En effet, en notre fin de siècle, les raffinements de toutes sortes dont les plus riches stations thermales entourent leur nombreuse clientèle engendrent plus de maladies que leurs eaux ne guérissent de malades.

Et un jour viendra où les vrais malades qui désirent guérir, les familles qui aspirent au calme et au repos dans le traitement des maladies dont quelques-uns des leurs sont atteints, seront heureux de trouver dans un pays si privilégié, à tous les points de vue, les avantages d'un climat sans égal et d'une contrée des plus salubres où rien ne laisse à désirer sous le rapport d'une alimentation saine et variée.

En attendant que ces vœux s'accomplissent

sous l'impulsion d'une infinité de causes que nous n'avons pas mission d'étudier dans cette courte notice, mais que nous avons cru devoir indiquer, nous ne saurions trop engager les touristes à visiter cette contrée du Vivarais, appelée à si juste titre la Suisse française, et si peu connue mais si agréable à parcourir; et à tous les amateurs d'une bonne eau de table naturelle à choisir de préférence l'eau de *La Boucharade* qui jaillit naturellement du rocher.

MM. Nicolas fils et Cie (Joyeuse, Ardèche), propriétaires, exploitent eux-mêmes et expédient directement de la source leur eau de la *Boucharade*.

A la caisse, rendue gare Ruoms-Vallon 16 fr.

Par 5 — rendues   «   «   «   15 fr.

Ces prix sont exclusivement réservés à Messieurs les Docteurs et aux Pharmaciens.

Pour le public, la caisse   25 fr.

Par 5 caisses, l'une   24 fr.

MACON, PROTAT FRÈRES, IMPRIMEURS.

BOUCHARADE

EN VIVARAIS